So wird es gemacht:

Öffne das LÜK®-Kontrollgerät und lege die Plättchen in den unbedruckten Deckel! Jetzt kannst du auf den Plättchen und auf dem Geräteboden die Zahlen 1 bis 24 sehen.

Beispiel: Seite 2

Nimm das Plättchen 1 und sieh dir Aufgabe 1 an: Benenne die Satzteile! **Im Zoo**

Die Lösung findest du in der Klammer darunter: adverbiale Bestimmung des Ortes. Dahinter steht die 10. Das ist auch die Feldzahl im Kontrollgerät, auf die du das Plättchen legen musst.

Lege also das Plättchen 1 auf das Feld 10 im Geräteboden! Die Zahl **1** muss nach oben zeigen.

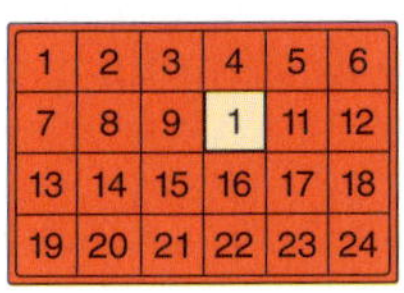

So musst du weiterarbeiten, bis alle Plättchen im Geräteboden liegen. Schließe dann das Gerät und drehe es um! Öffne es von der Rückseite! Wenn du das bei der Übungsreihe abgebildete Kontrollmuster siehst, hast du alle Aufgaben richtig gelöst.

Passen einige Plättchen nicht in das Muster, dann hast du dort Fehler gemacht. Drehe diese Plättchen da, wo sie liegen, um, schließe das Gerät, drehe es um, und öffne es wieder!
Jetzt kannst du sehen, welche Aufgaben du falsch gelöst hast. Nimm diese Plättchen heraus und suche die richtigen Ergebnisse! Kontrolliere dann noch einmal! Stimmt jetzt das Muster?

Das System ist für alle Übungen dasselbe: Die roten Aufgabennummern im Heft entsprechen immer den LÜK-Plättchen aus dem Kontrollgerät. Die schwarzen Zahlen hinter den Lösungen sagen dir, auf welches Feld des Kontrollgerätes du das Plättchen legen musst.

Und nun viel Spaß!

Benenne die Satzteile!

Flirt im Zoo

Im Zoo läuft seit einiger Zeit ein junger Mann einem hübschen Mädchen

1 2 3 4 5

nach.

2

(Subjekt 9 Prädikat 11 Akkusativobjekt 7 Dativobjekt 2
Adverbiale Bestimmung des Ortes 10 Adverbiale Bestimmung der Zeit 8)

Sie bleibt am Löwenkäfig stehen.

6 7 8 7

(Subjekt 12 Prädikat 6 Akkusativobjekt 10 Dativobjekt 12
Adverbiale Bestimmung des Ortes 3 Adverbiale Bestimmung der Zeit 17)

Nach einigen Minuten spricht er sie an:

9 10 11 12 10

(Subjekt 4 Prädikat 1 Akkusativobjekt 5 Dativobjekt 15
Adverbiale Bestimmung des Ortes 8 Adverbiale Bestimmung der Zeit 7)

„Fräulein, haben Sie mir nicht vorhin am Affenkäfig zugelächelt?"

13 14 15 16 17 13

(Subjekt 24 Prädikat 21 Akkusativobjekt 23 Dativobjekt 20
Adverbiale Bestimmung des Ortes 17 Adverbiale Bestimmung der Zeit 22)

Sofort antwortet sie ihm:

18 19 20 21

(Subjekt 16 Prädikat 18 Akkusativobjekt 9 Dativobjekt 13
Adverbiale Bestimmung des Ortes 6 Adverbiale Bestimmung der Zeit 19)

„Ja, aber wie sind Sie so schnell aus dem Käfig herausgekommen?"

22 23 24 22

(Subjekt 15 Prädikat 23 Akkusativobjekt 1 Dativobjekt 4
Adverbiale Bestimmung des Ortes 14 Adverbiale Bestimmung der Zeit 19)

Bestimme die Satzteile!

1	Ich
2	schenkte
3	dir
4	gestern
5	ein Buch.

Subjekt: – 17
Prädikat: – 3
Akkusativobjekt: – 19
Dativobjekt: – 14
Adverbiale Best. des Ortes: – 7
Adverbiale Best. der Zeit: – 18

6	Im Restaurant
7	bestellte
8	er
9	sich
10	eine Pizza.

Subjekt: – 23
Prädikat: – 15
Akkusativobjekt: – 20
Dativobjekt: – 13
Adverbiale Best. des Ortes: – 4
Adverbiale Best. der Zeit: – 3

11	Silvester
12	schießen
13	wir
14	Raketen
15	in die Luft.

Subjekt: – 5
Prädikat: – 16
Akkusativobjekt: – 9
Dativobjekt: – 15
Adverbiale Best. des Ortes: – 1
Adverbiale Best. der Zeit: – 24

16	Nach dem Spiel
17	reichten
18	sie
19	sich
20	die Hand.

Subjekt: – 2
Prädikat: – 21
Akkusativobjekt: – 11
Dativobjekt: – 22
Adverbiale Best. des Ortes: – 19
Adverbiale Best. der Zeit: – 6

21	Nachts
22	schleichen
23	dunkle Gestalten
24	über den Zeltplatz.

Subjekt: – 12
Prädikat: – 10
Akkusativobjekt: – 11
Dativobjekt: – 23
Adverbiale Best. des Ortes: – 8
Adverbiale Best. der Zeit: – 7

Diktat – Sieg in letzter Minute

Gestern in der se [1] ten Stunde ha [2] en wir gemei [3] sam mit unserer
chs x — t tt — n nn

Para [4] elklasse Sport in der Stad [5] onhalle. Zue [6] st machten wir
l ll — i y — r rr

G [7] mnastik, dann spielten wir Baske [8] ball gegeneinander.
i y — t tt

Zuerst sah es nach einem klaren Sieg der anderen Klasse aus. Es war wie

verhe [9] t. Wir spielten zu überha [10] tet und nervös. Die ge [11] nerische
chs x — s ß — g gg

Mannscha [12] t führte schon 10:2. Nach einer Auszeit kamen wir besser ins
f ff

Spiel. Uns gelangen einige spe [13] takuläre Korbwürfe. Gerd wurde unser
ck k

bester Spieler. Er war a [14] ressiv in der Verteidigung und vertei [15] te die
g gg — l ll

Bälle hervo [16] agend. So glü [17] te uns in der zweiten Halbzeit der Aus-
r rr — ck k

glei [18] und kur [19] vor Schlu [20] sogar der Siegestre [21] er. Schwi [22] end
ch sch — tz z — s ss — f ff — tz z

und zufrieden ra [23] ten wir zur Du [24] e.
n nn — ch sch

---

ch – 20	chs – 9	ck – 17	f – 18	ff – 1	g – 3
gg – 23	i – 13	k – 22	l – 7	ll – 10	n – 8
nn – 16	r – 24	rr – 21	s – 2	sch – 14	ss – 15
t – 4	tt – 11	tz – 12	x – 19	y – 5	z – 6

Groß- und Kleinschreibung

V 2
Im [1] ierten Schuljahr
v 11

N 5
Im [2] ächsten Schuljahr werden wir unsere Grundschule verlassen und
n 9

V 9 W 14 D 19
[3] erschiedene [4] eiterführende Schulen besuchen. [5] ort wird sich für
v 8 w 12 d 12

U 24 Ei 17 F 23 A 8
[6] ns [7] niges ändern. Die [8] remdsprache und [9] ndere neue
u 10 ei 21 f 19 a 7

F 20 H 23
[10] ächer werden uns [11] offentlich nicht schwer fallen. Wir müssen aber
f 21 h 24

M 1 F 22 A 3
[12] orgens [13] rüher aufstehen, denn der [14] nfahrtsweg zur neuen
m 22 f 5 a 4

W 7 M 6 H 11
Schule ist [15] eiter. Am [16] ittag kommen wir auch später [17] eim, weil
w 1 m 15 h 15

L 20 U 16
wir [18] änger [19] terricht haben.
l 2 u 13

L 17 U 18
Es tut uns natürlich [20] eid, dass wir [21] nsere Lehrerin verlassen müssen.
l 3 u 13

St 4 V 10
Sie ist zwar für ihre [22] trenge bekannt, aber wir haben sie in den [23] ier
st 16 v 18

L 6
Jahren [24] ieb gewonnen.
l 14

Wortarten

Namenwort (N) – Substantiv:	z. B.: Baum, Geld, Vater, Haus
Tuwort (T) – Verb:	z. B.: essen, lesen, singen, kochen
Eigenschaftswort (E) – Adjektiv:	z. B.: dick, groß, klein, rot
Begleiter (B) – Artikel:	z. B.: der, die, das, ein, eine
Fürwort (F) – Pronomen:	z. B.: ich, wir, uns, dein
Verhältniswort (V) – Präposition:	z. B.: im, auf, gegen, unter

---

Benenne in folgenden Sätzen die Wortarten!

Ich werfe den Ball in das Tor.

1 2 3 4 5

(B – 1 F – 23 N – 20 T – 9 V – 12)

Auf dem Dach unserer Schule sitzt ein Rabe.

6 7 8 9 10

(B – 3 F – 17 N – 14 T – 7 V – 10)

Ein schmaler Pfad führt uns durch das Dickicht.

11 12 13 14 15 16

(B – 6 E – 4 F – 21 N – 24 T – 11 V – 19)

Beim Spiel traf ich den kräftigen Klaus am Kopf.

17 18 19 20 21 22

(B – 5 E – 13 F – 16 N – 15 T – 8 V – 22)

Er fragte mich: „Wie heißt du?“

23 24

(B – 7 E – 11 F – 18 N – 19 T – 2 V – 23)

Suche hier die Wortarten!

Verwende die gleichen Begriffe wie auf der vorhergehenden Seite!

Namenwort = N

Tuwort = T

Eigenschaftswort = E

Begleiter = B

Fürwort = F

Verhältniswort = V

1 Der
2 rote
3 Ball
4 liegt
5 in
6 meinem Zimmer.

N – 12
T – 10
E – 19
B – 21
F – 8
V – 11

7 Ich
8 esse gerne
9 grüne
10 Bohnen.

N – 24
T – 9
E – 23
B – 4
F – 7
V – 2

11 In
12 der
13 Schule
14 zeichnen
15 wir einen
16 großen Dinosaurier.

N – 3
T – 1
E – 16
B – 20
F – 5
V – 22

Das
17 winzige
18 Flugzeug
19 verschwindet
20 in
21 den Wolken.

N – 18
T – 2
E – 13
B – 17
F – 3
V – 15

22 Regen
23 prasselt
24 auf die bunten Regenschirme.

N – 14
T – 4
E – 1
B – 5
F – 9
V – 6

Rechtschreibung – Fremdwörter

1 Benz_ _ _n	2 Biolog_ _ _	3 Bab_ _ _	(ie – 9	i – 7	y – 12)
4 Bischo_ _ _	5 Al_ _ _abet	6 Detekti_ _ _	(v – 10	f – 20	ph – 17)
7 _ _ _ournalist	8 _ _ _ungel	9 _ _ _ef	(Ch – 23	Dsch – 1	J – 4)
10 Apo_ _ _eke	11 A_ _ _est	12 Dikta_ _ _	(t – 3	th – 6	tt – 14)
13 Gula_ _ _	14 Eta_ _ _e	15 Ar_ _ _itekt	(ch – 11	g – 22	sch – 19)
16 _ _ _ioline	17 _ _ _ysik	18 _ _ _öhn	(F – 24	Ph – 15	V – 8)
19 E_ _ _e	20 Le_ _ _ikon	21 Kni_ _ _s	(cks – 5	chs – 16	x – 13)
22 A_ _ _etit	23 Ka_ _ _uze	24 Ho_ _ _y	(bb – 18	pp – 21	p – 2)

Kennst du die Bedeutung der Fremdwörter oben?

Arzneimittelgeschäft – 16
Vorgesetzter – 21
Brennbare Flüssigkeit – 11
Geheimer Nachforscher – 8
Haartrockner – 10
Kniefall – 3
Lebenskunde – 7
Fleischgericht – 23
Nachschlagwerk – 17
Kopfbedeckung – 18
Stockwerk – 19
Berichterstatter – 1

Baumeister – 9
Bescheinigung – 6
Esswunsch – 20
Geige – 24
Kleinkind – 22
Kriechtier – 14
Liebhaberei – 4
Hoher Geistlicher – 12
Naturlehre – 13
Rechtschreibüberprüfung – 2
Reihenfolge der Buchstaben – 15
Urwald – 5

Fremdwörter sind keine fremden Wörter

		kommt aus			
1	aggressiv	(lat.)		genau, präzise	– 3
2	akkurat	(lat.)		rege, tätig	– 8
3	aktiv	(lat.)		roh, rücksichtslos	– 4
4	arrogant	(lat.)		schadhaft	– 16
5	blamabel	(franz.)		anständig, ehrlich	– 23
6	brutal	(lat.)		vollkommen	– 15
7	defekt	(lat.)		klug, weise	– 6
8	direkt	(lat.)		anregend, fesselnd	– 10
9	enorm	(lat.)		standfest, beständig	– 18
10	extra	(lat.)		prüfend, entscheidend	– 5
11	fair	(engl.)		verneinend, schlecht	– 1
12	ideal	(lat.)		persönlich, vertraulich	– 17
13	intelligent	(lat.)		reizend, bezaubernd	– 13
14	interessant	(lat.)		durchtrieben	– 9
15	komplett	(lat.)		vollständig, total	– 2
16	kritisch	(griech.)		angriffslustig	– 11
17	naiv	(lat.)		kindlich, arglos	– 21
18	negativ	(lat.)		riesig, ungeheuer	– 7
19	oval	(lat.)		besonders, eigens	– 19
20	privat	(lat.)		eiförmig, eirund	– 22
21	charmant	(franz.)		überheblich, anmaßend	– 12
22	raffiniert	(franz.)		unmittelbar, geradezu	– 24
23	stabil	(lat.)		beschämend, peinlich	– 20
24	rar	(lat.)		selten, knapp	– 14

„Wahr oder gut gelogen“

+ = wahr – = gut gelogen

1	Das Wort „Omnibus“ kommt aus dem Lateinischen und bedeutet „für alle“.	+ 5 – 2
2	„Indianer“ heißen so, weil Kolumbus glaubte, Indien entdeckt zu haben und die Einwohner nach diesem Land benannte.	+ 1 – 8
3	Der „Bleistift“ ist nach seinem Erfinder „Graf Karl von Bley“ benannt.	+11 –16
4	Das Wort „Buch“ hat seinen Namen von dem Baum „Buche“, weil unsere Vorfahren auf Buchenholz schrieben.	+18 –14
5	Das Wort „Note“ (Zeugnisnote) kommt vom Wort „Not“, weil diese Benotungen den Schülern oft große Not bereiten.	+ 5 –21
6	Der Schäferhund ist nach seinem Züchter Dr. Otto Schäfer benannt.	+17 –14
7	Die „Litfaßsäule“ (Reklamesäule) ist nach ihrem Erfinder Ernst Litfaß benannt, der 1855 erste Reklamesäulen in Berlin aufstellte.	+19 –20
8	„Magnete“ werden nach der griechischen Landschaft „Magnesia“ benannt, wo man früher viele dieser Eisensteine fand.	+23 –24
9	Der Monat „Dezember“ hat seinen Namen vom lat. Wort „decem“ = 10. Er war bei den Römern der 10. Monat im Jahr.	+ 3 –18
10	Das Fest „Ostern“ wurde so genannt, weil es zuerst in Österreich (Osterreich) gefeiert wurde.	+23 –10
11	Der „Zirkel“ ist nach dem lat. Wort „circulus = Kreis“ benannt.	+12 –15
12	„Zeugnis“ kommt vom Wort „Zeug“, weil auf diesem Schriftstück „viel lehrreiches Zeug“ steht.	+ 6 – 8
13	Unser Wort „Monat“ kommt vom Wort „Mond“.	+17 –12
14	Das Wort „Apfelsine“ kommt aus Holland. Man nannte diese Frucht dort „Appel Sina = Apfel aus China“.	+13 –21
15	Der Erfinder des „Celsius-Thermometers“ war der schwedische Arzt und Erfinder Anders Celsius.	+15 –22
16	Ein rabenschwarzes Pferd nannte man früher „Rabe“. Daraus entstand das Wort „Rappe“.	+ 6 – 3

17	Unser Getränk „Wein“ hat seinen Namen vom Wort „weinen“. Er schmeckte früher so bitter, dass einem die Tränen kamen.	+ 9 – 7
18	Unser Wort „Fenster“ kommt vom Eigenschaftswort „finster“. Es war nämlich finster im Haus, wenn die Fenster vergessen wurden. (Siehe: Die Schildbürger bauen ein Rathaus)	+ 7 – 4
19	Das Wort „Minister“ kommt aus dem Lateinischen und bedeutete dort „Diener“.	+ 20 – 10
20	Das Wort „Kaiser“ kommt vom röm. Feldherrn Caesar. Die Germanen nannten deshalb einen Herrscher „kaisar“.	+ 11 – 1
21	Die Berufsbezeichnung „Lehrer“ kommt vom Wort „(ent)leeren“, da diese Menschen früher in den kleinen, armen Dorfschulen die Abfallkörbe entleeren mussten.	+ 13 – 9
22	Die „Röntgenstrahlen“ wurden nach ihrem Entdecker Wilhelm Conrad Röntgen benannt. Er entdeckte diese Strahlen, mit denen man Menschen „durchleuchten“ kann.	+ 2 – 16
23	Kraftfahrzeuge dürfen in Deutschland Autobahnen nur benutzen, wenn ihre eingetragene Höchstgeschwindigkeit mehr als 60 km/h beträgt.	+ 24 – 19
24	Früher gab es in den Schulen eine „Eselsbank“, wo die sogenannten „Dummen“ sitzen mussten.	+ 22 – 4

Biologie – Der Mensch

Ein Schema des menschlichen Skeletts.
Kennst du die Teile?

1 Beckengürtel
2 Fuß
3 Halswirbel
4 Hand
5 Oberarm
6 Oberschenkel
7 Rippen
8 Schädel
9 Schultergürtel
10 Unterarm
11 Unterschenkel
12 Wirbelsäule

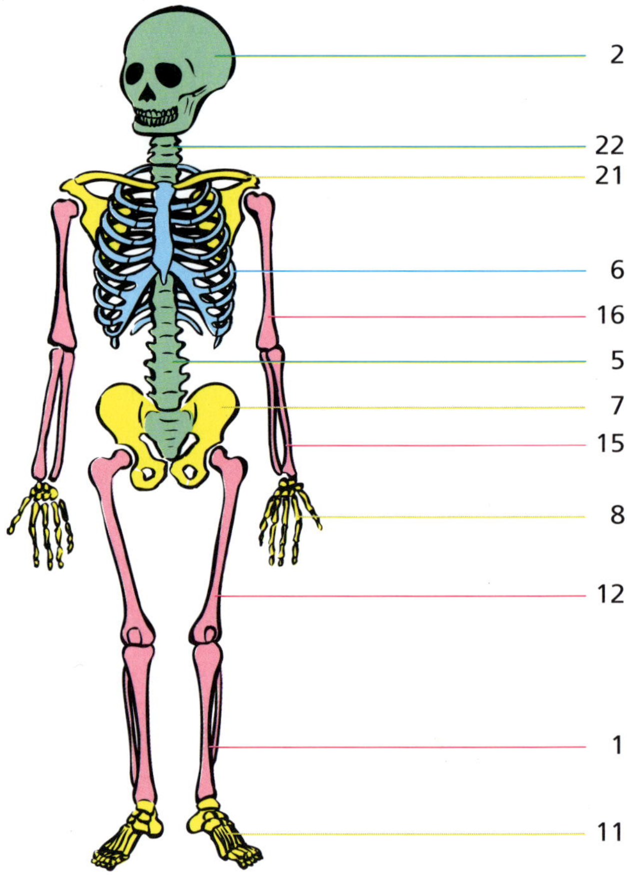

Wichtige Organe unseres Körpers. Kennst du ihre Funktionen?

13 Darm
14 Gehirn
15 Herz
16 Lunge
17 Magen

knetet die zerkaute Nahrung zu einem Brei und zersetzt sie. – 17

pumpt das Blut durch unseren Körper. – 10

wichtigste Schaltstelle unseres Körpers; hier laufen alle Nervenstränge zusammen. – 24

versorgt unseren Körper mit dem notwendigen Sauerstoff. – 19

zersetzt den Nahrungsbrei und entzieht ihm die wichtigen Nährstoffe. – 20

Wichtige Regeln für deine Gesundheit:

18	Du musst deine Zähne putzen	nach jedem Essen.	– 9
		nach jedem Duschen.	– 5
19	Nüsse knacken mit den Zähnen	festigt den Zahnschmelz.	– 13
		ist gefährlich für die Zähne.	– 18
20	Beim Fernsehen sollst du so weit vom Gerät weg sitzen:	3,00 Meter	– 13
		0,50 Meter	– 21
21	Freihändiges Radfahren	ist gefährlich.	– 3
		zeigt, dass du mutig bist.	– 12
22	Bevor du im Sommer ins Schwimmbecken springst,	musst du deine Haare kämmen.	– 17
		musst du dich abbrausen.	– 23
23	Regelmäßiger Sport	ist gesundheitsfördernd.	– 14
		verbraucht unnötig Energie.	– 9
24	Vitamine befinden sich hauptsächlich	in Kartoffeln und Nudeln.	– 1
		in Obst und Gemüse.	– 4

Biologie

Wie überwintern folgende Tiere?

1	Eichhörnchen	verlässt kalte Gegenden.	– 17
2	Murmeltier	in der Winterruhe.	– 18
3	Schlange	im Winterschlaf.	– 14
4	Schwalbe	in der Winterstarre.	– 22

Wem gehört folgender Unterkiefer?

5 Hund

6 Kuh

7 Mensch

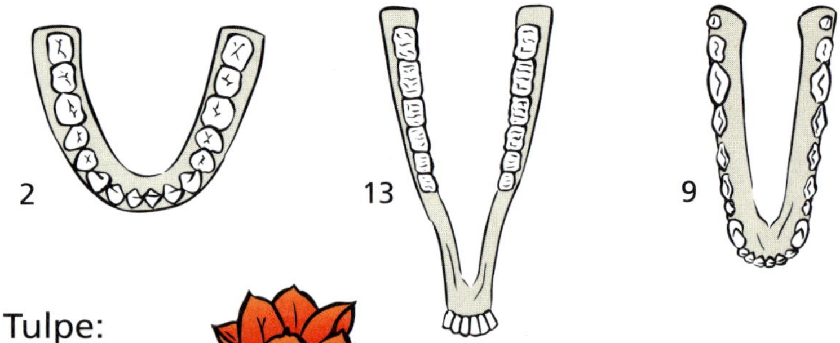

Die Teile einer Tulpe:

8 Blatt

9 Blüte

10 Stängel

11 Wurzel

12 Zwiebel

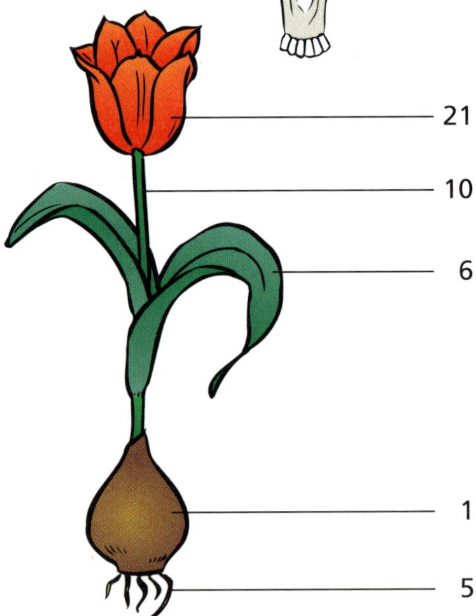

Die Teile einer Kirschblüte:

13 Blütenblätter

14 Staubblätter

15 Stempel

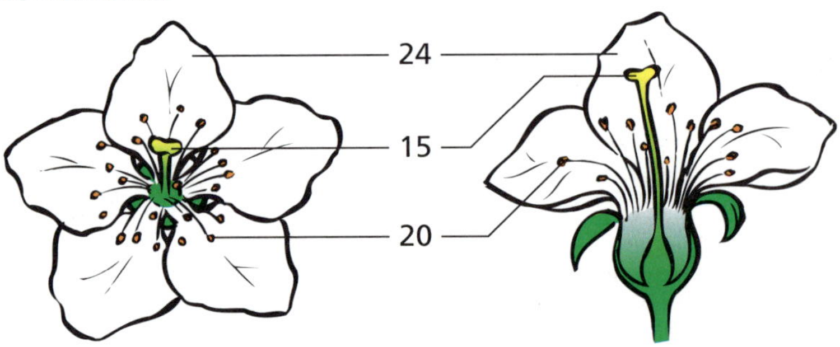

Welche Blätter sind es?

16 Buchenblatt

17 Eichenblatt

18 Kastanienblatt

19 Weidenblatt

8

16

23

7

Welche Füße sind es?

20 Adlerfuß

21 Entenfuß

12

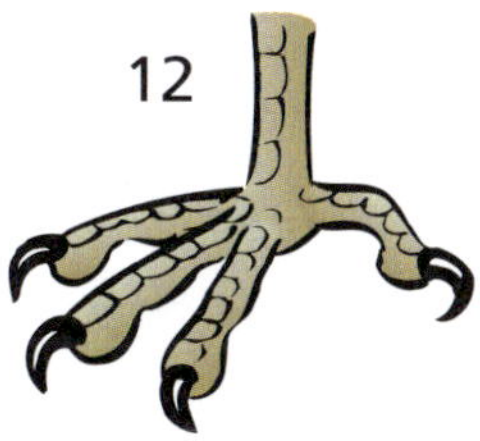

3

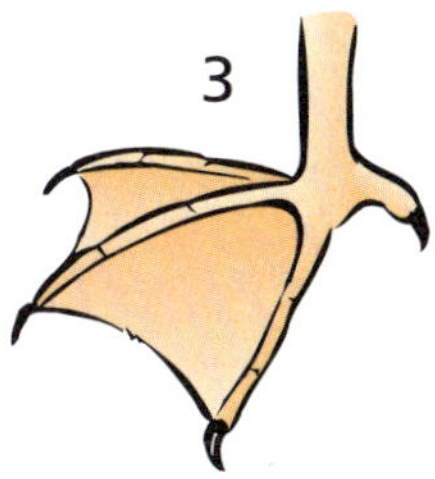

Tiere entwickeln sich. Welche Abbildungen gehören zusammen?

22

23

24

4

19

11

Physik

Was kann man mit folgenden Geräten feststellen?

1

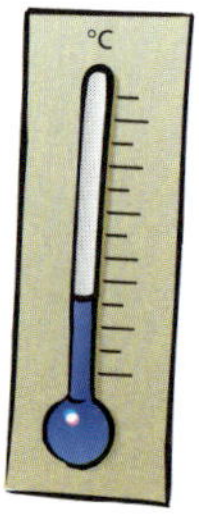

2

3

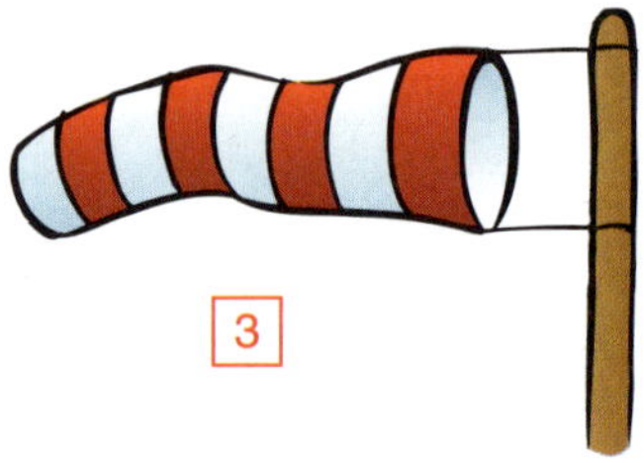

4

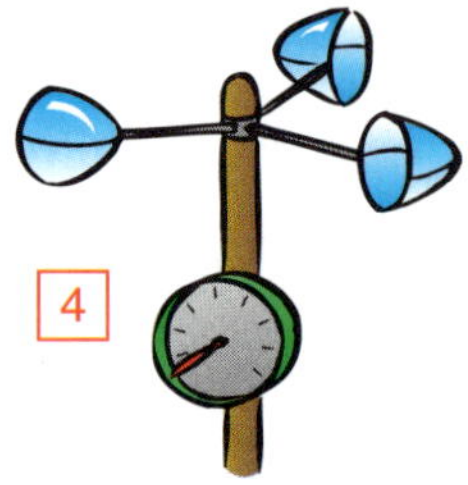

Niederschlagsmenge	Windstärke	Temperatur	Windrichtung
19	24	11	22

Zeige folgende Himmelsrichtungen!

5 Norden

6 Südosten

7 Nordwesten

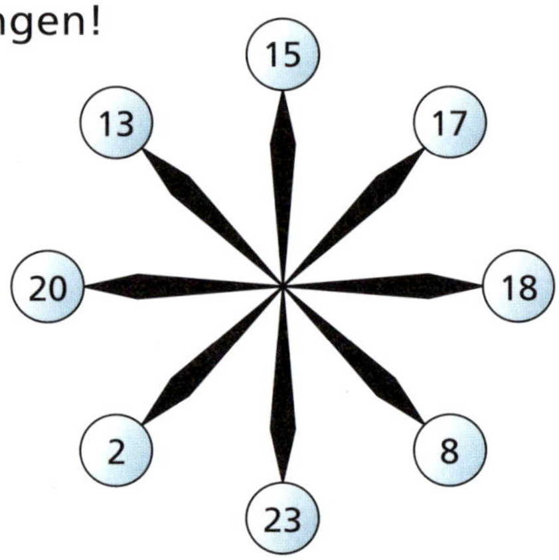

8 Die Kompassnadel zeigt immer nach

Osten.	– 12
Westen.	– 16
Norden.	– 5

Ein Magnet zieht folgende Gegenstände an: (+ = ja – = nein)

Eisennagel 9		Radiergummi 10		Papierblatt 11		Stahlstift 12	
+ 21	– 3	+ 10	– 16	+ 4	– 18	+ 2	– 1

Elektrischer Strom fließt durch folgende Materialien (+ = ja – = nein)

Aluminium 13		Eisen 14		Porzellan 15		Wasser 16		Wolle 17	
+ 23	– 24	+ 7	– 19	+ 13	– 9	+ 12	– 15	+ 6	– 1

Benenne die Teile eines Stromkreises!

18 Stromleitung
19 Stromunterbrecher
20 Stromverbraucher
21 Stromquelle

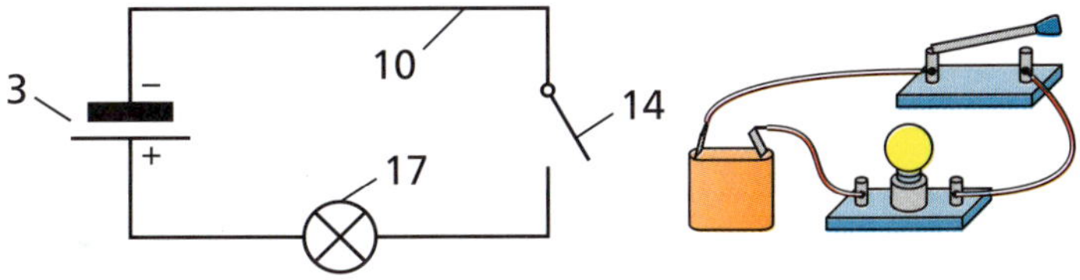

Töne entstehen durch Schwingungen. Was schwingt bei folgenden Musikinstrumenten?

die Saiten – 6

die Luft im Instrument – 4

ein dünnes Fell – 20

22

24

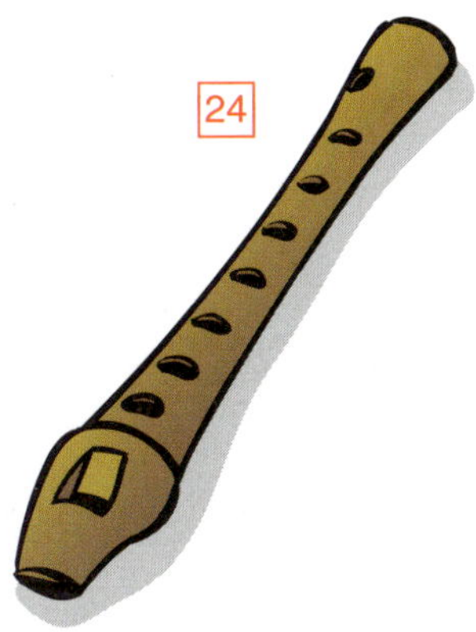

23

Geschichte

In welcher Reihenfolge erhellten folgende „Lampen“ die Wohnungen (Behausungen) der Menschen?

1. „Lampe“	2. „Lampe“	3. „Lampe“	4. „Lampe“	5. „Lampe“
16	3	19	17	14

Kennst du die Arbeitsgeräte der Bauern in früheren Zeiten?

Dreschflegel	Hacke	Sense	Sichel
13	15	24	5

Hier wohn(t)en die Menschen

10 zur Zeit der Ritter. 11 zur Römerzeit. 12 in der Steinzeit. 13 heute.

18

7

2

4

Was bedeutete im Mittelalter

14	Zehent?	Arbeitsleistungen der Bauern ohne Bezahlung für den Burgherrn.	– 21
15	Frondienst?	Pflichtabgaben der Bauern an den Burgherrn.	– 23

Was weißt du über die „Römer“?

		Richtig	Falsch
16	Sie pflasterten ihre Straßen.	20	1
17	Sie bemalten die Wände ihrer Häuser.	11	6
18	Sie erfanden den Blitzableiter.	7	22
19	Sie kannten die Fußbodenheizung.	6	9
20	Sie hatten fließendes Wasser in ihren Häusern.	1	3
21	Auf ihren Feldern bauten sie Kartoffeln an.	4	9
22	Auch in Deutschland legten sie Weinberge an.	12	8
23	Sie deckten ihre Dächer mit Ziegeln.	8	5
24	Auf den Fußböden hatten sie herrliche Mosaiken (= Bilder aus Tausenden von farbigen Steinchen).	10	2

Die Karte von „LÜK-Land“

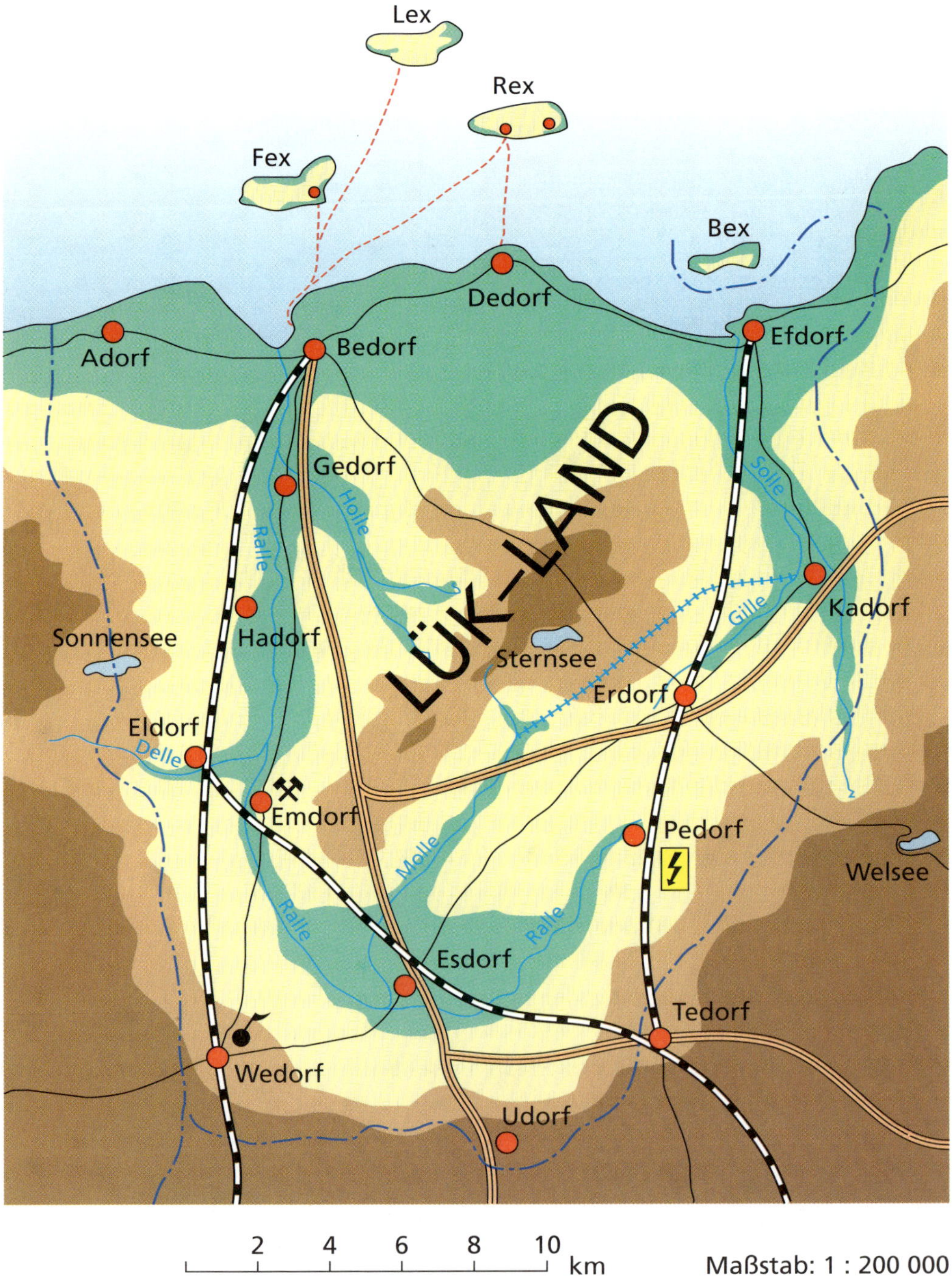

Maßstab: 1 : 200 000

Kannst du Karten lesen?

Was bedeuten die Farben:

1	Blau	Hochgebirge	– 13
2	Braun	Hügelland	– 22
3	Dunkelbraun	Mittelgebirge	– 18
4	Gelb	Stadt	– 6
5	Grün	See, Fluss, Meer	– 21
6	Rot	Tiefebene	– 14

Suche auf der Karte:

7	die südlichste Stadt	Kadorf	– 13	Udorf	– 5
8	den westlichsten Fluss	Delle	– 16	Solle	– 24
9	die nördlichste Insel	Bex	– 20	Lex	– 1
10	den östlichsten See	Mondsee	– 6	Welsee	– 2

11	Liegt Emdorf von Esdorf gesehen	flussaufwärts? flussabwärts?	– 12 – 15
12	Ist die Molle ein rechter – 17 oder ein linker – 5 Nebenfluss der Ralle?		
13	Kann ich mit der Eisenbahn von Efdorf nach Eldorf fahren?	ja nein	– 10 – 1
14	Komme ich auf der Autobahn von Bedorf nach Wedorf?	ja nein	– 13 – 23
15	Welche Flüsse sind durch einen Kanal verbunden?	Delle – Holle Molle – Gille	– 5 – 8
16	Die Entfernung Bedorf – Erdorf beträgt Luftlinie:	14 km 20 km	– 9 – 21
17	Auf der Autobahn fahre ich von Bedorf nach Esdorf	28 km 18 km	– 15 – 12
18	Welche Insel kann nicht mit einer Fähre erreicht werden?	Lex Bex	– 23 – 20
19	Welcher See wird durch eine Grenze geteilt?	Welsee Sonnensee	– 4 – 24
20	Welche Insel gehört nicht zu LÜK-Land?	Fex Bex	– 14 – 3
21	In welcher Himmelsrichtung fließt die Molle?	in nördlicher Richtung in südlicher Richtung	– 3 – 19

Wo befindet sich:

22	eine Grube (Zeche)	Pedorf	– 4
23	ein Kraftwerk	Wedorf	– 7
24	eine Burgruine	Emdorf	– 11

Kennst du Deutschland?

Suche auf der Karte:

I. Bundesländer

1 Baden-Württemberg
2 Bayern
3 Bremen
4 Hamburg
5 Hessen
6 Niedersachsen
7 Nordrhein-Westfalen
8 Sachsen
9 Schleswig-Holstein

II. Hauptstädte von Bundesländern

10 Erfurt
11 Magdeburg
12 Mainz
13 München
14 Potsdam
15 Saarbrücken
16 Schwerin

III. Nachbarstaaten

17 Belgien
18 Dänemark
19 Frankreich
20 Luxemburg
21 Niederlande
22 Österreich
23 Polen
24 Schweiz

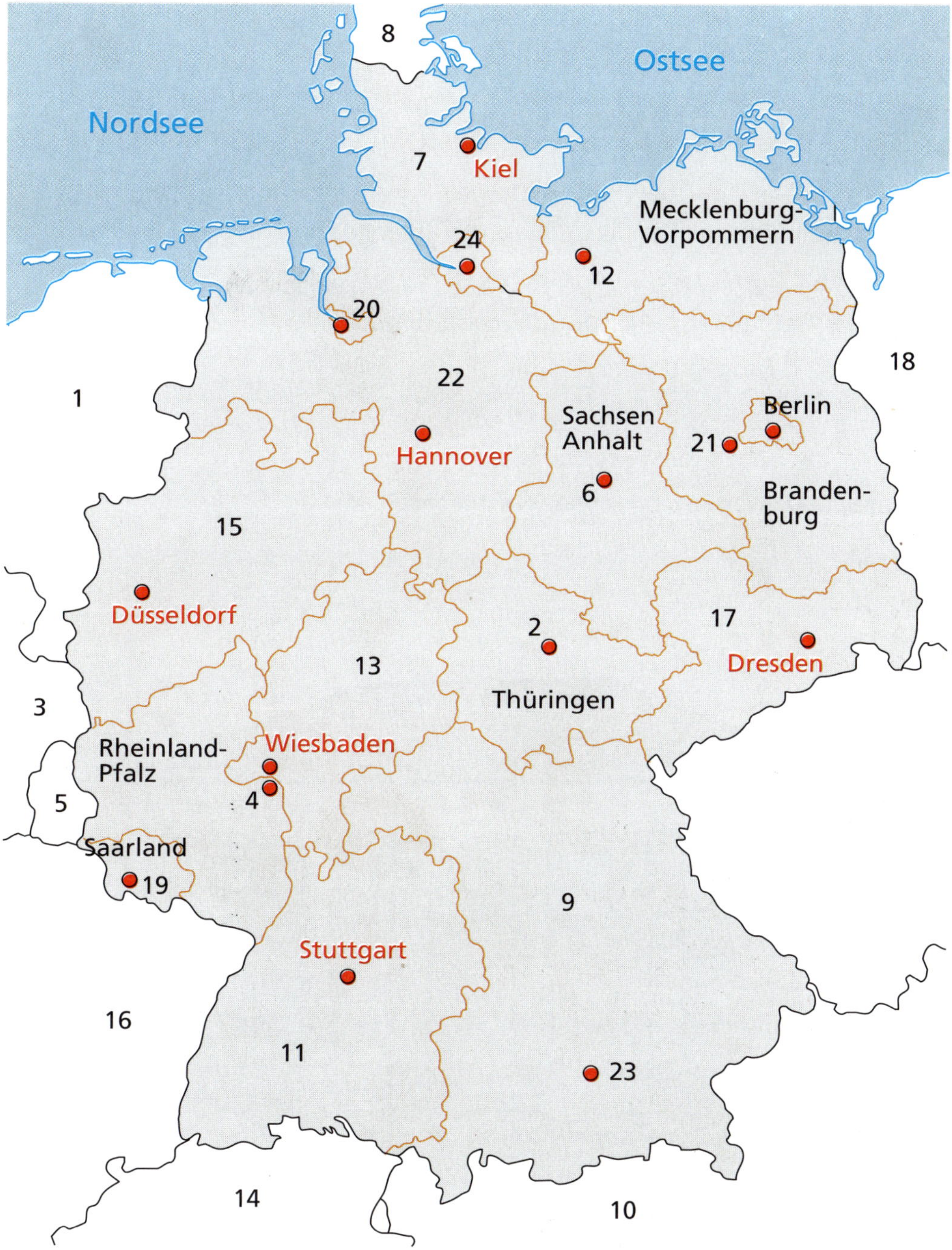
8
Ostsee
Nordsee
7
Kiel
Mecklenburg-
Vorpommern
24
12
20
18
1
22
Sachsen
Anhalt
Berlin
21
Hannover
6
Branden-
burg
15
Düsseldorf
17
2
13
Dresden
3
Thüringen
Rheinland-
Pfalz
Wiesbaden
4
5
Saarland
19
9
Stuttgart
16
11
23
14
10

In unserer (Klein-) Stadt

Kennst du dich aus?

1 Unter den Straßen fließt es in dicken Rohren ab.

2 In dieses Gebäude geht jeder mehrere Jahre fast jeden Tag.

3 Hier werden unsere Abwässer gereinigt.

4 In diesem Amt wird geheiratet.

5 In diesem Amt werden alle Einwohner gemeldet.

6 Ein Haus für Musiker und Schauspieler.

7 Dieses Gebäude ist nicht für die Gesunden.

8 Hierhin gelangen unsere Abfälle.

9 Hierhin geht man, um sich zu erholen.

10 Er ist das gewählte Stadtoberhaupt.

11 Ihre roten Wagen sind immer einsatzbereit.

12 Sie sorgt für Ruhe und Ordnung.

13 Hier werden mehrmals in der Woche frische Waren verkauft.

14 Von hier werden Pakete und Briefe befördert.

15 Hierhin gehst du, wenn du verreisen willst.

16 So heißen Leute, die täglich von auswärts in unsere Stadt zur Arbeit kommen.

17 Er macht warm und hell und erleichtert vielen die Arbeit.

18 Er sorgt mit dem Bürgermeister für das Wohl der Stadt.

19 Mit wie viel Jahren darfst du wählen?

20 Dieses Haus besuchen die Leute meist samstags oder sonntags.

21 Hier kannst du Tiere aus fremden Ländern bewundern.

22 Alle Bürger müssen sie bezahlen.

23 Letzte Ruhestätte für die Bürger.

24 Ein anderer Name für Stadtteile.

Abwasser	9	Müllhalde	3
Bahnhof	11	Park	23
Bürgermeister	6	Pendler	22
elektrischer Strom	13	Polizei	14
Feuerwehr	4	Post	19
Friedhof	16	Schule	7
18 Jahre	2	Stadtrat	24
Kirche	15	Standesamt	10
Kläranlage	12	Steuern	8
Krankenhaus	1	Theater	20
Markt	21	Viertel	18
Meldeamt	17	Zoo	5

Kopfrechnen

Versuche folgende Aufgaben im Kopf zu rechnen!

1	635 + 8 =		7	684 – 7 =
2	893 + 9 =		8	403 – 6 =
3	722 + 40 =		9	364 – 30 =
4	335 + 54 =		10	768 – 43 =
5	348 + 36 =		11	385 – 57 =
6	675 + 69 =		12	541 – 93 =

13	60 · 6 =		19	630 : 7 =
14	7 · 80 =		20	240 : 20 =
15	5 · 42 =		21	287 : 7 =
16	4 · 800 =		22	810 : 90 =
17	30 · 40 =		23	4800 : 80 =
18	200 · 300 =		24	3600 : 900 =

Ergebnisse:

4 → 18	9 → 2	12 → 15	41 → 17	60 → 16	90 → 14
210 → 5	328 → 22	334 → 11	360 → 3	384 → 23	389 → 10
397 → 21	448 → 20	560 → 1	643 → 9	677 → 19	725 → 24
744 → 8	762 → 12	902 → 7	1200 → 13	3200 → 4	60000 → 6

Maßeinheiten – Umwandlungen

Kennst du folgende Abkürzungen?

1 cm	2 d	3 dm	4 g	5 h	6 kg
7 km	8 l	9 m	10 s	11 €	12 t

Gramm – 10	Zentimeter – 9	Tonne – 2	Tag – 19
Kilogramm – 14	Meter – 17	Liter – 21	Euro – 22
Sekunde – 12	Dezimeter – 24	Kilometer – 7	Stunde – 5

13	10 dm =	0,01 kg	→ 4
14	5 cm =	0,001 km	→ 3
15	5 mm =	0,01 t	→ 18
16	10 g =	0,05 m	→ 13
17	10 m =	0,05 dm	→ 23
18	10 kg =	0,01 km	→ 1

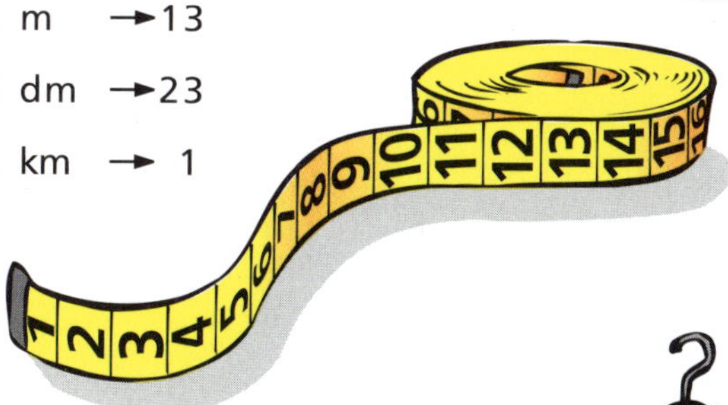

19	Ein halber Kilometer =	500 kg	→ 20
20	Ein halber Zentimeter =	50 mm	→ 6
21	Ein halbes Kilogramm =	5 mm	→ 15
22	Eine halbe Tonne =	500 m	→ 8
23	Ein halber Meter =	500 mm	→ 16
24	Ein halber Dezimeter =	500 g	→ 11

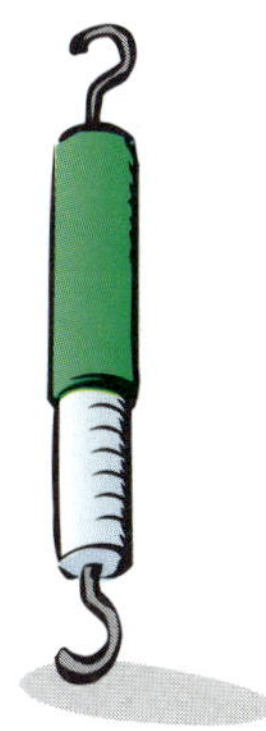

Mathematisches Allgemeinwissen

1	Malnehmen (·) heißt auch		addieren.	– 22
2	Teilen (:) heißt auch		dividieren.	– 11
3	Abziehen (–) heißt auch		multiplizieren.	– 9
4	Zuzählen (+) heißt auch		subtrahieren.	– 20
5	Das Ergebnis der Addition	heißt	Quotient.	– 15
6	Das Ergebnis der Subtraktion	heißt	Produkt.	– 17
7	Das Ergebnis der Multiplikation	heißt	Summe.	– 13
8	Das Ergebnis der Division	heißt	Differenz.	– 24

9	Welche Zahlenreihe besteht aus „Geraden Zahlen"?	(4, 9, 16, 25)	– 6
10	Welche Zahlenreihe besteht aus „Ungeraden Zahlen"?	(2, 4, 6, 8)	– 7
11	Welche Zahlenreihe besteht aus „Primzahlen"?	(1, 3, 5, 9)	– 2
12	Welche Zahlenreihe besteht aus „Quadratzahlen"?	(2, 3, 5, 7)	– 4

13	Welches Zeichen bedeutet „ist nicht gleich“?	<	→	23
14	Welches Zeichen bedeutet „ist kleiner als“?	≠	→	21
15	Welches Zeichen bedeutet „ist größer als“?	>	→	19
16	Welches Zeichen bedeutet „ist ungefähr“?	≈	→	10

17	Ein Jahr hat ? Tage.	4	→	18
18	Ein Jahr hat ? Monate.	7	→	1
19	Ein Jahr hat ? Jahreszeiten.	12	→	8
20	Ein Jahr hat ? Wochen (ungefähr).	24	→	12
21	Eine Woche hat ? Tage.	29	→	14
22	Ein Tag hat ? Stunden.	52	→	3
23	Eine Minute hat ? Sekunden.	60	→	16
24	Der kürzeste Monat im Schaltjahr hat ? Tage.	365	→	5

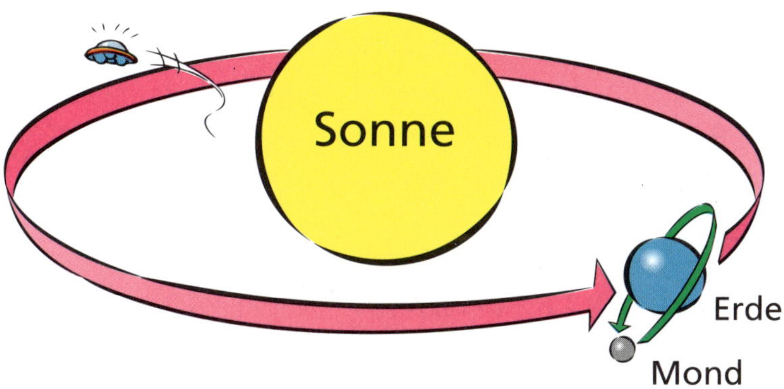

Addition

Rechne im Kopf, wo es dir möglich ist, sonst schriftlich.
Vergleiche die Ergebnisse!

1	2	3	4	5	6
230 + 350	360 + 180	470 + 230	635 + 140	234 + 580	547 + 324

7	Familie Müller kauft:	Teppich, Stehlampe
8	Familie Kern kauft:	Tischgruppe, Sessel
9	Familie Stern kauft:	Schrank, Sitzecke
10	Familie Roth kauft:	Sessel, Stehlampe
11	Familie Bernd kauft:	Anbauwand, Couch
12	Familie Dort kauft:	Schrank, Teppich

13	134 042	+	72 186	+	9 884	+	176	=	
14	157 692	+	877	+	67 807	+	12	=	
15	94 531	+	67	+	138 311	+	14 379	=	
16	193	+	67 313	+	119 879	+	8 903	=	
17	568	+	93 678	+	57 296	+	24 746	=	
18	15 931	+	113 754	+	98 277	+	8 326	=	

19 Herr Meyer ist als Vertreter viel auf der Autobahn unterwegs: Montag 230 km, Dienstag 302 km, Mittwoch 140 km, Donnerstag 135 km, Freitag 85 km.
Wie viel km ist er in dieser Woche gefahren?

20 Bauer Schmidt liefert jeden Tag Milch an die Molkerei: Montag 217 *l*, Dienstag 306 *l*, Mittwoch 294 *l*, Donnerstag 287 *l*, Freitag 251 *l*, Samstag 267 *l*, Sonntag 256 *l*.
Wie viel Liter Milch hat er während einer Woche geliefert?

21 Familie Schröter zahlt jährlich folgende Versicherungsbeiträge: Krankenversicherung 2300 €, Hausratsversicherung 840 €, Autoversicherung 440 €, Haftpflichtversicherung 98 €.
Wie hoch ist der Gesamtbetrag?

22 Familie Hobel fährt mit dem Auto in den Urlaub. Der Vater rechnet: Hotelkosten 885 € , Benzinkosten 250 €, Straßengebühr 140 €, Taschengeld 475 €. Wie hoch sind die Gesamtkosten?

23 Peter spart für einen Computer. Er hat schon 238 € auf dem Sparbuch.Oma gibt ihm an seinem Geburtstag 75 €, seine Tante 36 €. Er verkauft alte Schulbücher und erhält 94 €. Wie viel € hat er jetzt?

24 Familie Kunz legt einen Garten an: Umzäunung 128 €, Beetplatten 96 €, Bäume 875 €, Sträucher 234 €, Gartenteich 4082 €. Wie viel € muss sie insgesamt bezahlen?

Ergebnisse

(Die Bezeichnungen €, km, l sind hier weggelassen.)

443 – 11	540 – 14	580 – 18	700 – 15
775 – 17	814 – 21	871 – 13	892 – 7
1028 – 22	1090 – 19	1553 – 23	1750 – 2
1878 – 12	2210 – 20	3034 – 16	3678 – 10
4254 – 24	5415 – 9	176288 – 8	196288 – 6
216288 – 5	226388 – 1	236288 – 4	247288 – 3

Subtraktion

Rechne im Kopf, wo es dir möglich ist, sonst schriftlich.
Vergleiche die Ergebnisse!

860	720	680	975	529	634
− 240	− 550	− 380	− 640	− 230	− 128
1	2	3	4	5	6

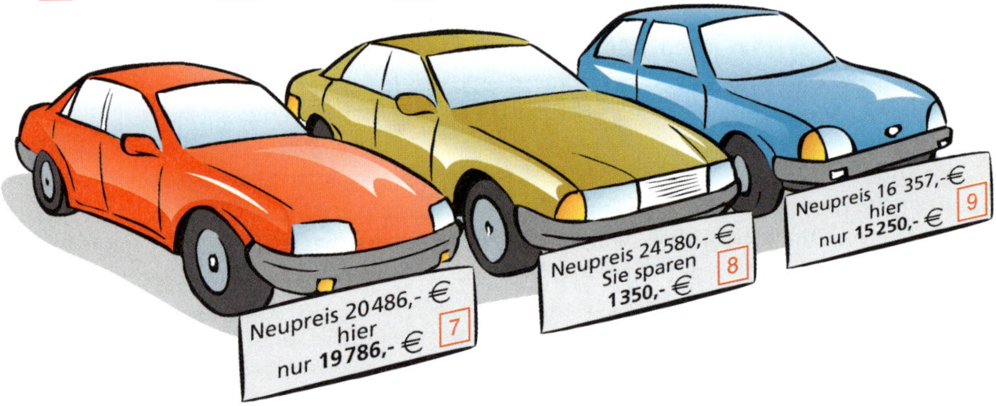

Sie sparen ? € 7 Es kostet ? € 8 Sie sparen ? € 9

73052	100000	94258	231758	341900	124679
− 34187	− 44653	− 36346	− 118968	− 109673	− 54086
− 19675	− 27536	− 38481	− 98591	− 175913	− 68519
10	11	12	13	14	15

16 Wie viel € ist das Sommerkleid billiger als das Cocktailkleid?

17 Wie viel € ist das Abendkleid teurer als das Kostüm?

18 Frau Stork kauft das Sommerkleid und das Abendkleid und bezahlt mit zwei 500-€-Scheinen. Wie viel € erhält sie zurück?

19 Dirk bekam eine Freikarte für 1 000 km mit der Bundesbahn. Zuerst will er seine Tante in Frankfurt besuchen: 258 km, dann fährt er nach Köln: 215 km, dann nach Hamburg: 453 km. Wie viel km kann er noch fahren?

20 Der Fahrer der Heizöllieferfirma verlässt morgens das Betriebsgelände. Sein Tankwagen ist voll und fasst 20 000 *l*. Er liefert an Familie Weiß 4 512 *l* Öl, an Familie Maus 3 948 *l*, an Familie Dörr 5 258 *l* und an Familie Michel 4 783 *l*. Wie viel Liter Öl befinden sich noch im Tankwagen?

21 Du nimmst von 286 so oft 31 weg, bis ein Rest bleibt. Was bleibt übrig?

22 Herr Speicher verdient monatlich 2 628 €. Davon bezahlt er Miete 415 €, Raten fürs Auto 227 € und 319 € Versicherungen. Wie viel € hat Familie Speicher zum Leben?

23 Familie Maurer hat 333 333 € bei einer Lotterie gewonnen. Sie kaufen ein Haus für 240 000 €, ein Auto für 28 000 € und fahren in Urlaub für 3 275 €. Wie viel € können sie noch sparen?

24 Herr Becker macht eine Woche Wanderurlaub. Er wandert von Nürnberg nach Garmisch-Partenkirchen (257 km). Am Montag schafft er 47 km, Dienstag 44 km, Mittwoch 51 km, Donnerstag 38 km, Freitag 43 km, Samstag 33 km. Wie viel km muss er am Sonntag noch zurücklegen?

Ergebnisse

(Die Bezeichnungen km, € und l sind hier weggelassen.)

1 – 20	7 – 7	74 – 12	125 – 4
170 – 5	194 – 23	297 – 14	299 – 19
300 – 2	335 – 16	506 – 18	620 – 15
700 – 11	1 107 – 13	1 499 – 9	1 667 – 6
2 074 – 1	14 199 – 3	19 190 – 8	19 431 – 24
23 230 – 21	27 811 – 22	56 314 – 17	62 058 – 10

Geometrie I – Flächen und Körper

Suche folgende Flächen heraus:

1 Kreis   2 Quadrat   3 Rechteck   4 Dreieck

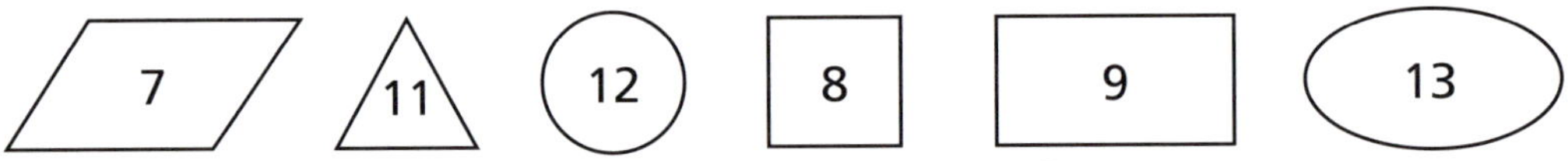

Zeige folgende Körper:

5 Würfel   6 Quader   7 Kugel   8 Zylinder   9 Pyramide   10 Kegel

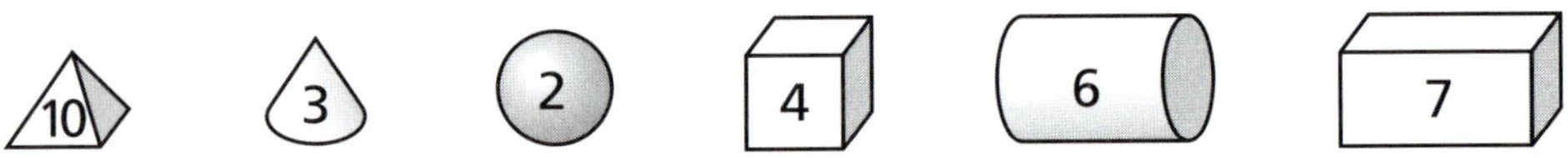

Mit wie vielen der Bausteine wurde die Burg erbaut?

11	Wie viele Quader?	6 – 24
12	Wie viele Würfel?	15 – 5
13	Wie viele Pyramiden?	13 – 1

14 Wie viele Ecken hat ein Würfel?

15 Wie viele Flächen hat ein Würfel?

16 Wie viele Kanten hat ein Würfel?

17 Wie viele Seiten eines Quaders müssen gleich groß sein?

18 Wie viele Kanten eines Quaders müssen gleich lang sein?

19 Wie viele Kanten hat eine Kugel?

0	13
2	14
4	21
6	22
8	20
10	18
12	23

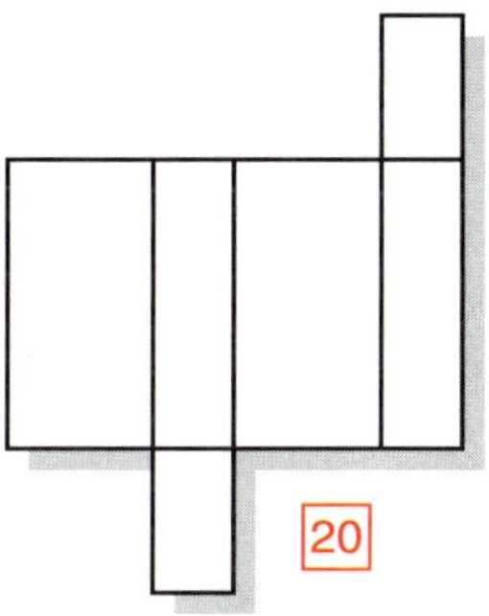

20

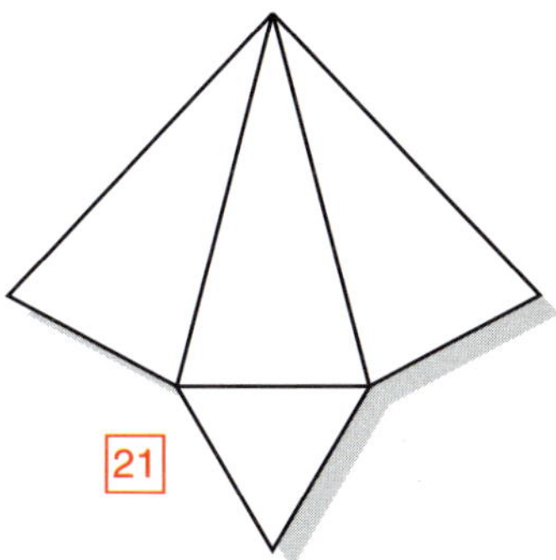

21

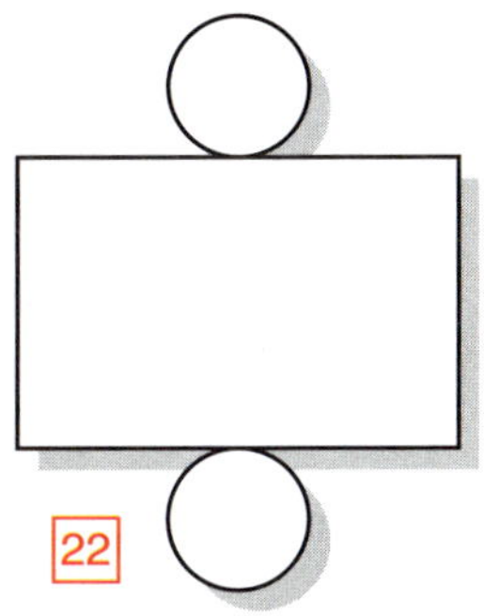

22

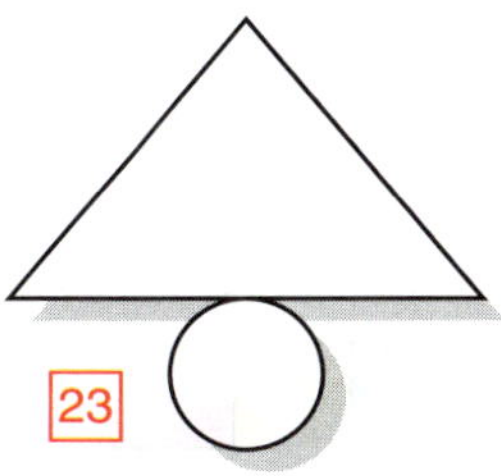

23

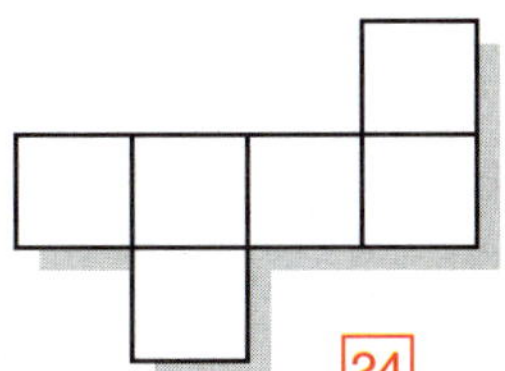

24

Wir haben Körper (aus Pappe) auseinandergeschnitten. Zu welchen Körpern kannst du sie wieder zusammenkleben?

Pyramide	Kegel	Zylinder	Quader	Würfel
16	17	19	18	15

Multiplikation

Rechne im Kopf, wo es dir möglich ist, sonst schriftlich.
Vergleiche die Ergebnisse!

1 35 · 7   2 86 · 9   3 75 · 6   4 43 · 5   5 27 · 8

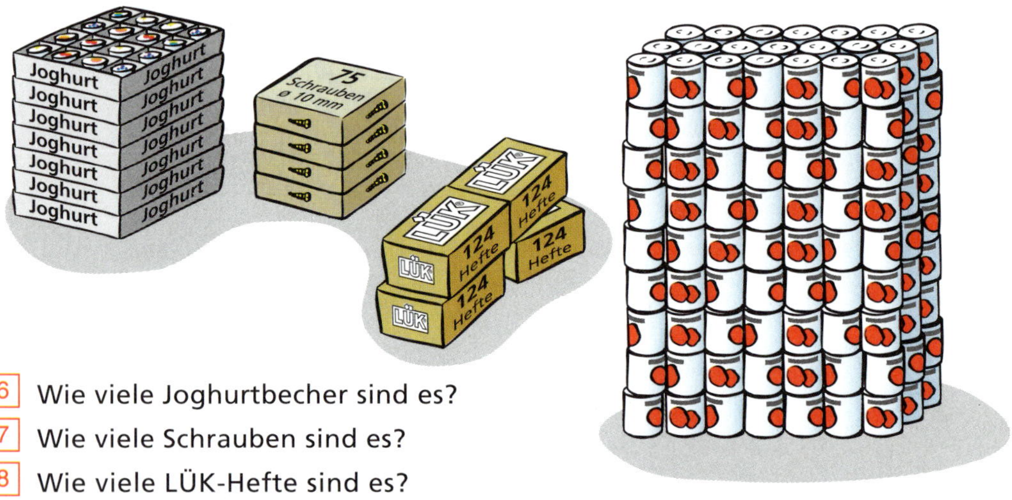

6 Wie viele Joghurtbecher sind es?
7 Wie viele Schrauben sind es?
8 Wie viele LÜK-Hefte sind es?
9 Wie viele Konservendosen sind es?

10 134 · 68   11 254 · 93   12 326 · 47   13 278 · 83   14 197 · 75

Wie viel Euro beträgt jeweils die Rechnung?

15 Firma Scholl bestellt 12 Elektroherde.
16 Firma Kühl bestellt 30 Kühlschränke.
17 Firma Sauber bestellt 21 Waschmaschinen.
18 Firma Heiß bestellt 120 Bügeleisen.

19 Peter geht mit seinen vier Freunden in den Freizeitpark. Der Eintritt kostet 17 € pro Person. Wie viel € müssen sie zahlen?

20 Das Bauamt verlegt in der gesamten Schillerstraße 17 m lange Rohre. Es werden 56 Rohre gebraucht. Wie lang ist die Schillerstraße?

21 Eine Wochenzeitschrift kostet 3 €. Kosten für sieben Jahre? (ungefähr)

22 Tennisbälle werden in Dosen verpackt – 4 Tennisbälle pro Dose. Vier Dosen kommen in eine Schachtel, drei Schachteln in ein Paket. Das Sportgeschäft „Tennis-Meyer" bestellt 38 Pakete.
Wie viele Tennisbälle sind das?

23 Eine Runde auf der Laufbahn des Stadions sind genau 384 m. Toni läuft 17 Runden. Wie viel m ist er gelaufen?

24 Schornsteinfegermeister Walter erhält in jedem Haus 48 € für die Säuberung der Kamine und die Wartung der Heizung. Im Monat April hat er in 324 Häusern gearbeitet. Wie hoch ist die Gesamteinnahme?

Ergebnisse

(Die Bezeichnungen € und m sind hier weggelassen.)

85 – 17	112 – 11	189 – 15	215 – 7
216 – 3	245 – 8	300 – 6	450 – 16
496 – 2	774 – 12	952 – 14	1092 – 9
1824 – 23	3480 – 22	6528 – 13	7800 – 21
9112 – 4	12750 – 19	14775 – 24	15322 – 5
15552 – 10	17892 – 18	23074 – 20	23622 – 1

Auch für das Teilen gibt es Regeln

Bilde die Quersumme folgender Zahlen:

1 2832 2 6741 3 3409 4 7019

Die Quersummen heißen:	15	16	17	18	19
	18	10	17	14	12

Eine Zahl ist teilbar:

5	durch 2, wenn	→ die beiden letzten Ziffern durch diese Zahl zu teilen sind.	– 20
6	durch 3, wenn	→ die Quersumme durch 3 zu teilen ist und die letzte Ziffer gerade ist.	– 9
7	durch 4, wenn	→ die letzte Ziffer gerade ist.	– 21
8	durch 5, wenn	→ die letzte Ziffer eine 0 oder eine 5 ist.	– 24
9	durch 6, wenn	→ die Quersumme durch diese Zahl zu teilen ist.	– 13

Welche Zahl dieser Zahlenreihe ist teilbar	59	67	74	77	85	87
10 durch 2?	7	11	22	15	19	23
11 durch 3?						
12 durch 5?						

Welche Zahl dieser Zahlenreihe ist teilbar	109	110	116	117	126	131
13 durch 4?	8	3	6	14	2	17
14 durch 6?						
15 durch 10?						

Welche Zahl dieser Zahlenreihe ist teilbar	125	126	127	131	137	148
16 durch 4?	8	4	11	1	15	5
17 durch 5?						
18 durch 9?						

19 Eine der folgenden Zahlen ist nicht durch 2 teilbar:

22	34	88	76	39	62	98
12	16	23	6	7	8	10

20 Eine der folgenden Zahlen ist nicht durch 3 teilbar:

15	24	39	46	51	69	72
7	15	2	12	18	23	5

21 Eine der folgenden Zahlen ist nicht durch 4 teilbar:

32	48	56	68	76	88	94
17	20	3	14	13	18	15

22 Eine der folgenden Zahlen ist nicht durch 5 teilbar:

35	40	57	60	80	95	100
13	4	1	7	16	2	10

23 Eine der folgenden Zahlen ist nicht durch 6 teilbar:

42	54	78	94	102	114	126
5	17	24	11	9	18	12

24 Eine der folgenden Zahlen ist nicht durch 9 teilbar:

63	81	99	126	144	162	178
3	9	14	5	10	15	16

Division

Rechne, wo es nötig ist, schriftlich und vergleiche die Ergebnisse!

Mit oder ohne Rest?

1 96 588 : 8 =	2 34 524 : 6 =	3 152 676 : 4 =	4 53 478 : 9 =
m. R. 19 o. R. 7	m. R. 18 o. R. 9	m. R. 11 o. R. 24	m. R. 15 o. R. 8
5 84 231 : 7 =	6 136 461 : 3 =	7 42 808 : 8 =	8 175 255 : 5 =

9 Die Würste werden in Dosen zu je 6 Stück verpackt. Wie viele Dosen benötigt man?

375 690 : 30 =	124 680 : 20 =	237 120 : 60 =	758 680 : 40 =
10	11	12	13

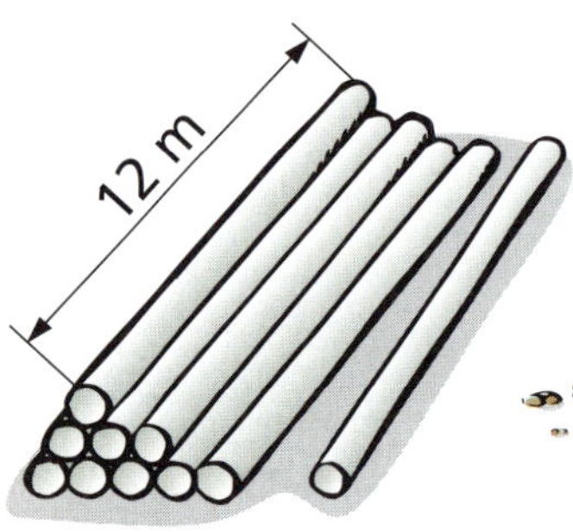

14 Auf einer Strecke von 1 860 m werden 12 m lange Rohre verlegt. Wie viele Rohre werden benötigt?

Je 60000 Tischtennisbälle werden verpackt. Für die einzelnen Länder sind die Verpackungsgrößen verschieden. Wie viele Kartons sind es?

15 für Deutschland bei Kartons zu je 15 Bällen?
16 für Frankreich bei Kartons zu je 40 Bällen?
17 für Italien bei Kartons zu je 30 Bällen?
18 für Spanien bei Kartons zu je 20 Bällen?
19 für Österreich bei Kartons zu je 50 Bällen?

---

20 Tom und seine 4 Freunde gewinnen im Lotto 42000 €. Sie verteilen den Gewinn zu gleichen Teilen. Wie viel € erhält jeder?

21 Im Haus Goethestraße Nr.16 wohnen 7 Familien. Die jährlichen Kosten für die Müllabfuhr betragen 1533 € und werden auf alle Mieter gleichmäßig aufgeteilt. Kosten pro Familie?

Peter und seine drei Freunde erhalten für gemeinsames Zeitungsaustragen in den Ferien 380 €. Jeder von ihnen erhält gleichviel Geld. Aber Peter erhält 20 € mehr, weil er diesen Job besorgt hatte.

22 Wieviel € erhält Peter?
23 Wie viel € erhält jeder andere?

24 Ein Vertreter fuhr im letzten Jahr 47003 km. Wie viel ist er durchschnittlich pro Monat gefahren, wenn er einen Monat Urlaub hatte?

Ergebnisse

90 – 14	110 – 21	155 – 22	219 – 17
250 – 11	1200 – 16	1500 – 20	2000 – 15
3000 – 12	3952 – 3	4000 – 23	4273 – 6
5351 – 4	6234 – 2	8400 – 1	12033 – 5
12523 – 18	18967 – 7	35051 – 13	45487 – 10

Geometrie II – Umfang und Flächeninhalt

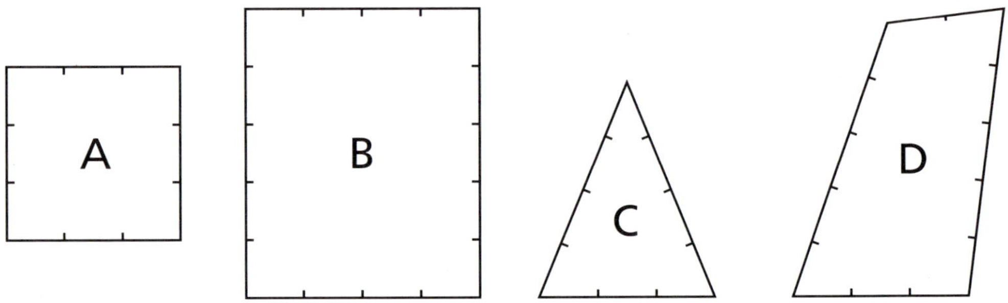

Bestimme bei den oben gezeichneten Flächen den Umfang!
(⊢——⊣ ≙ 1 cm)

1 Fläche A = ? cm Umfang

2 Fläche B = ? cm Umfang

3 Fläche C = ? cm Umfang

4 Fläche D = ? cm Umfang

Ein Bauer zäunt drei seiner Wiesen ein. Die Zaunpfosten stehen im Abstand von 10 m.

Wie viel m Zaun braucht er für

5 Wiese 1? 6 Wiese 2? 7 Wiese 3?

8 Ein Spielplatz hat die Form eines Quadrates. Eine Seite ist 35 m lang. Berechne den Umfang!

Der Umfang eines rechteckigen Bauplatzes ist 120 m. Wie lang und wie breit könnte dieser Bauplatz sein?

9 40 m lang und 20 m breit
möglich – 9
unmöglich – 15

10 35 m lang und 15 m breit
möglich – 7
unmöglich – 4

11 50 m lang und 10 m breit
möglich – 12
unmöglich – 23

	A	B	C
Umfang des Rechtecks	92,00 m	13	110 m
Breite des Rechtecks	30,00 m	20,00 m	14
Länge des Rechtecks	12	17,00 m	36,00 m

Berechne von den Rechtecken A, B, C die fehlenden Werte!

Wie viele Platten braucht man für diese Flächen?

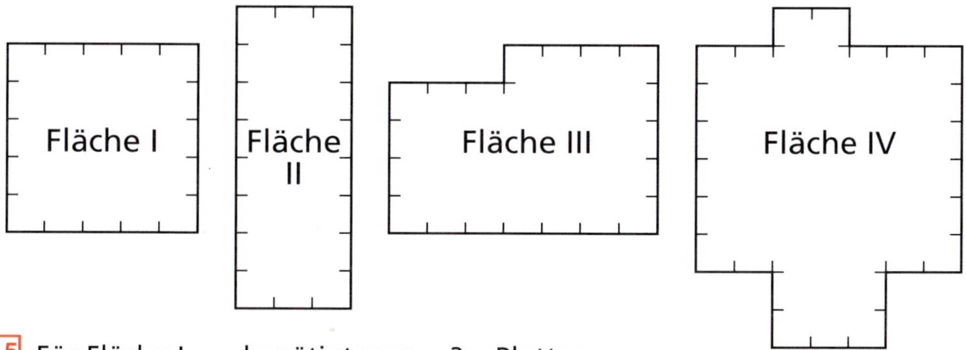

15 Für Fläche I benötigt man ? Platten.

16 Für Fläche II benötigt man ? Platten.

17 Für Fläche III benötigt man ? Platten.

18 Für Fläche IV benötigt man ? Platten.

19 Ein Rechteck ist 12 cm lang und 6 cm breit. Dieses Rechteck hat einen Flächeninhalt von ? Zentimeterquadraten.

20 Ein Quadrat hat einen Flächeninhalt von 64 Zentimeterquadraten. Wie viel cm ist jede Seite lang?

Wie berechne ich den

21 Umfang eines Rechtecks?	Länge mal Breite	– 24
22 Umfang eines Quadrats?	(Länge + Breite) mal 2	– 15
23 Flächeninhalt eines Rechtecks?	Länge mal 4	– 2
24 Flächeninhalt eines Quadrats?	Länge mal Länge	– 16

Restliche Ergebnisse

8 – 11	11 – 10	12 – 17	15 – 6	16 – 20
18 – 1	19 – 13	24 – 18	25 – 21	32 – 19
50 – 22	72 – 8	74 – 5	120 – 14	140 – 23
160 – 3	220 – 7			

Die vier Grundrechenarten

131 689 + 72 543 = ☐ [1] : 8 = ☐ [2] · 17 = ☐ [3]

100 000 – 64 560 = ☐ [4] : 20 = ☐ [5] · 35 = ☐ [6]

356 · 124 = ☐ [7] – 27 594 = ☐ [8] : 50 = ☐ [9]

Addiere die Zahlen 3 156 und 4 782 [10]! Dividiere die Summe durch 9 [11] und multipliziere das Ergebnis mit 24 [12]!

Addiere die Zahlen 27 553 und 46 647 [13]! Dann multipliziere die Zahlen 458 und 265 [14]! Subtrahiere jetzt die Summe vom Produkt [15]!

Die Differenz der Zahlen 1 156 und 942 [16] multipliziere mit 48 [17] und dividiere das Produkt durch 6 [18]!

[19] Nimm von 4 736 die Hälfte, davon wieder die Hälfte usw. bis es nicht mehr geht (d. h. bis zur letzten ganzen Zahl)!

Hotel A	**Hotel B**
Hauptsaison	Hauptsaison
1 Erwachsener pro Woche 440 € je Kind die Hälfte	Familienurlaub (bis 3 Kinder) pro Woche 1484 €

20 Was kostet ein zweiwöchiger Urlaub für Familie Scheit (Eltern, drei Kinder) in Hotel A?

21 Um wie viel € ist für dieselbe Familie der Urlaub in der gleichen Reisezeit für die gleiche Reisedauer im Hotel B billiger?

22 Das Bekleidungshaus „Klöppel" kauft 54 Anzüge zu je 74 € und verkauft sie für je 104 €. Wie hoch ist der Gewinn?

23 Eine Woche (7 Tage) Aufenthalt im Hotel „Kaiser" kostet 420 €. Herr Keil will aber neun Tage bleiben. Wie viel muss er bezahlen?

24 Mike hat 124 € gespart. Die Hälfte seines Geldes zahlt er für die Urlaubsfahrt mit dem Turnverein. 17 € muss er seiner Mutter zurückgeben. Vom Rest des Geldes kauft er sich 3 CDs seiner Lieblingsgruppe im Sonderangebot. Wie teuer ist eine CD?

Ergebnisse

(Bezeichnungen wie € sind hier weggelassen.)

15 – 20	37 – 24	112 – 19	214 – 16
331 – 1	540 – 22	882 – 10	1620 – 18
1712 – 14	1772 – 7	3080 – 21	7938 – 8
10272 – 23	16550 – 9	21168 – 12	25529 – 5
35440 – 4	44144 – 11	47170 – 13	62020 – 6
74200 – 15	121370 – 17	204232 – 3	433993 – 2

Sachaufgaben

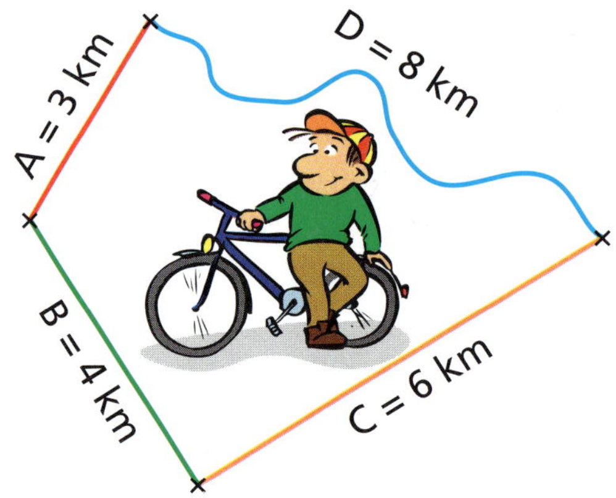

Kai fährt Fahrrad.
In der Stunde schafft er 12 km.

Wie viel Minuten braucht er

1 für Strecke A?

2 für Strecke B?

3 für Strecke C?

4 für Strecke D?

Kai ist 26 280 Stunden alt; Alf 43 824 Stunden. Alf hat bisher in seinem Leben ein Schaltjahr erlebt.

5 Wie alt ist Kai?

6 Wie alt ist Alf?

Fahrplan

	Bus 1	Bus 2	Bus 3	Bus 4
Seebach	8.15 Uhr	9.18 Uhr	10.27 Uhr	11.48 Uhr
Dorf	↓	9.39 Uhr	10.48 Uhr	↓
Berg	8.42 Uhr	↓	11.06 Uhr	↓
Sand	8.57 Uhr	10.15 Uhr	↓	↓
Stadion	9.37 Uhr	10.55 Uhr	11.45 Uhr	12.57 Uhr

Wie lange brauchen die verschiedenen Busse für die Strecke Seebach – Stadion?

7 Bus 1 braucht — 1 h 9 min. – 24

8 Bus 2 braucht — 1 h 22 min. – 15

9 Bus 3 braucht — 1 h 37 min. – 19

10 Bus 4 braucht — 1 h 18 min. – 17

Am 27. Juli 1994 war Tom 7 Jahre, 3 Monate und 14 Tage alt.
Seine Schwester Julia war 11 Jahre, 8 Monate und 20 Tage alt.
(Schaltjahre sind nicht berücksichtigt.)

11 Wann ist Tom geboren? — am 13. Mai 1986 – 24; am 13. April 1987 – 20

12 Wann ist Julia geboren? — am 7. Dezember 1982 – 16; am 7. Dezember 1983 – 21

Sind diese Additionen richtig oder falsch?

13	14	15	16
12,64	13,61	15,04	12,38
17,07	12,74	22,87	7,44
25,16	8,94	17,52	19,57
8,34	19,72	19,44	8,36
			3,24
63,21	55,01	64,87	50,99
r – 1 f – 6	r – 9 f – 4	r – 7 f – 5	r – 2 f – 8

17 Doris hat 100 € gespart. Sie kauft sich eine Bluse für 29,50 € und ein T-Shirt für 18,20 €. Wie viel € hat sie noch?

18 Ein Obstbäumchen kostet 34,70 €. Peters Eltern kaufen zwei Kirsch-, ein Apfel- und ein Birnenbäumchen. Wie hoch sind die Gesamtkosten?

19 Tonis Eltern kaufen einen Gartentisch und vier Gartenstühle. Insgesamt zahlen sie 452 €. Der Gartentisch kostet 188 €. Wie viel kostet ein Gartenstuhl?

20 Jan geht einkaufen. Er hat 50 € dabei. Er kauft: Fleisch – 9,64 €, Butter – 2,10 €, Trauben – 3,57 €, Waschpulver – 8,69 € und holt die neu besohlten Schuhe ab – 16,00 €. Wie viel Geld hat er noch?

21 Katrin geht einkaufen: 125 g Wurst, ein Brot ($1/2$ kg), ein viertel Kilo Erdbeeren und $1\,1/2$ kg Fleisch. Welches Gewicht muss sie heimtragen, wenn die Tasche 156 g wiegt? Gib das Gewicht in kg an!

22 Herr Bauer fasst den Gartenpfad beidseitig auf einer Länge von 18 m ein. Eine Beetplatte ist 0,60 m lang. Wie viele Beetplatten braucht er?

23 Ein Kasten Sprudel kostet 3,96 €. Wie viel kostet eine Flasche?

24 Sechs Rosen kosten 9,00 €, acht Nelken kosten 5,60 €. Silke kauft 4 Rosen und 2 Nelken. Wie viel kostet der Strauß?

Ergebnisse der Aufgaben, bei denen die Ergebnisse nicht angegeben waren.
(Bezeichnungen sind weggelassen.)

0,33 – 8	2,531 – 11	3 – 23	5 – 4	7,40 – 12
10 – 7	15 – 13	20 – 3	30 – 18	40 – 14
52,30 – 21	60 – 10	66 – 22	138,80 – 6	

Wie römische Kinder rechneten

Archäologen fanden bei Ausgrabungen in Rom Bruchstücke von Schiefertafeln römischer Schulkinder. Kannst du nachrechnen, ob alles stimmt?

I = 1	V = 5	X = 10	L = 50	C = 100
I vor V, X, L oder C		=	–1	
I hinter V, X, L oder C		=	+1	

VII + XV = XXII
1 2 3

XXIII + XXXVIII = LXI
4 5 6

LXXXII – XXIV = LVIII
7 8 9

XXXIV – XVIII = XVI
10 11 12

XI · VI = LXVI
13 14 15

XVII · V = LXXXV
16 17 18

XXXII : VIII = IV
19 20 21

LXXIV : XXXVII = II
22 23 24

2 – 11	4 – 12	5 – 8	6 – 20	7 – 21	8 – 3
11 – 15	15 – 14	16 – 1	17 – 16	18 – 10	22 – 17
23 – 22	24 – 9	32 – 7	34 – 5	37 – 4	38 – 6
58 – 18	61 – 13	66 – 24	74 – 19	82 – 2	85 – 23